ごみ問題

ハルト

アースくん

リン

いまどうなっているの？

なぜそうなっているの？

これからどうすればいいの？

そもそも、ごみ問題ってどういうものなの？

ごみ問題とは、ごみをちゃんと処理できなくて、地球の環境をよごしている問題だよ。ちゃんと処理できないのは、ごみの量が多かったり、処理するときに有害な物質を出したり、ポイ捨てなどのように正しくごみが出されないことが原因なんだ。

ごみって、なんで出てしまうんだろう？

ごみというのは、いらなくなったものだよね。人間がくらしていくなかで、どうしても出てしまうものなんだ。いらないものは、いいかげんにあつかわれがちだよね。それにいまは、新しいものがかんたんに手に入るから、ものをすぐに捨ててしまう。そうして、ごみがどんどん出されて、ちゃんと処理されずに、環境をよごす問題につながるんだ。

一度使われただけで捨てられるものの例

ごみって、わたしたちがふだんのくらしのなかで出しているものだけなの？

ごみは、大きく2種類に分けられるんだ。ひとつは、ふだんの人間の生活によって、家庭などから出されるごみで、これを一般廃棄物というよ。そしてもうひとつは、会社の工場、農業や漁業の現場、建設現場などから出されるごみで、これを産業廃棄物というんだ。日本で出されるごみの約90％が産業廃棄物なんだ。

一般廃棄物と産業廃棄物の割合

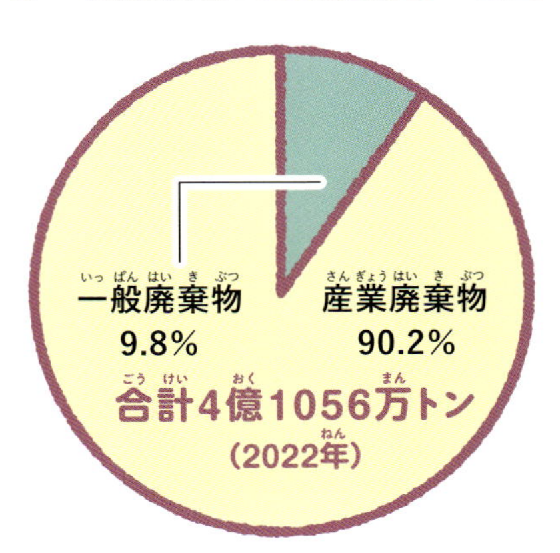

出典：「産業廃棄物排出・処理状況調査報告書 令和４年度速報値」、「一般廃棄物の排出及び処理状況等（令和４年度）について」（環境省）

☞P. 6

いまどうなっているの？②

ごみによって起きる問題について、もう少し教えて！

町なかや、山に捨てられたごみをみたことがあるよ。

やっぱり、ちゃんと捨てないといろいろと問題があるんだよね？

山や森に捨てられたり、町なかでポイ捨てされているごみは多いよね。このように、ごみをかってに捨てることを不法投棄というよ。ごみは、ちゃんと集めて、処理するため、決められた場所に捨てることがだいじなのに、不法投棄されてしまうと、回収されずに置かれたごみが、環境汚染を引きおこすことがあるんだ。

山中に不法投棄されたごみ。

ごみが、環境を汚染するって、どういうことなの?

ごみがかってに捨てられて、時間がたつと、ごみから有害物質が流れ出してしまうんだ。その有害物質は、土をよごす土壌汚染を起こす。さらに、地下水や川、海などの水をよごす水質汚染も起こすことがある。それに、海に捨てられたプラスチックなどが海洋汚染を起こし、生きものに悪い影響をあたえるよ。また、ごみを燃やして処理するときも、有害物質で空気をよごすこともあるし、地球温暖化の原因になる二酸化炭素も出るんだ。

環境汚染の種類

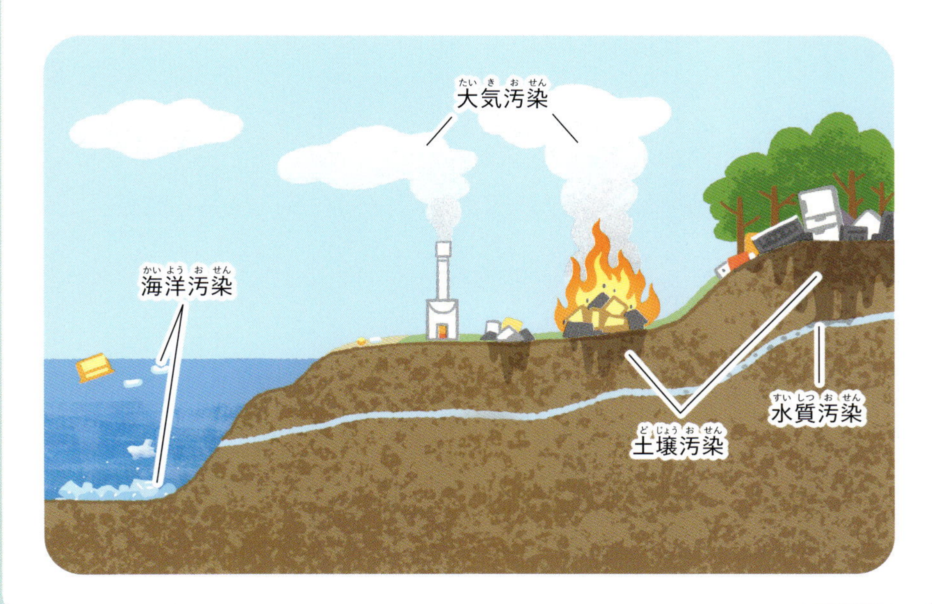

P.25

調べてみよう! 不法投棄　環境汚染

いまどうなっているの？③

日本では、どれくらいごみが出されているの？

なるべく、へらすようにしているけど、やっぱりごみは出てしまうよね。日本の家庭からは、どれくらいの量のごみが出ているの？

昔は、ものが少なかったため、人々はものを大切に、長く使っていたんだ。でも、経済が発展すると、ものがゆたかになって、たくさんつくって、たくさん使う「大量生産・大量消費」の社会にかわってきた。

日本で１年間に出されている一般廃棄物の量は、2022年で4,034万トン。1日1人あたり880g出している計算になるよ。これまでもっとも多かったのは2000年の5,483万トンで、ごみ問題への関心が高まったことなどもあり、毎年、少しずつへっているんだ。

一般廃棄物の総排出量の変化

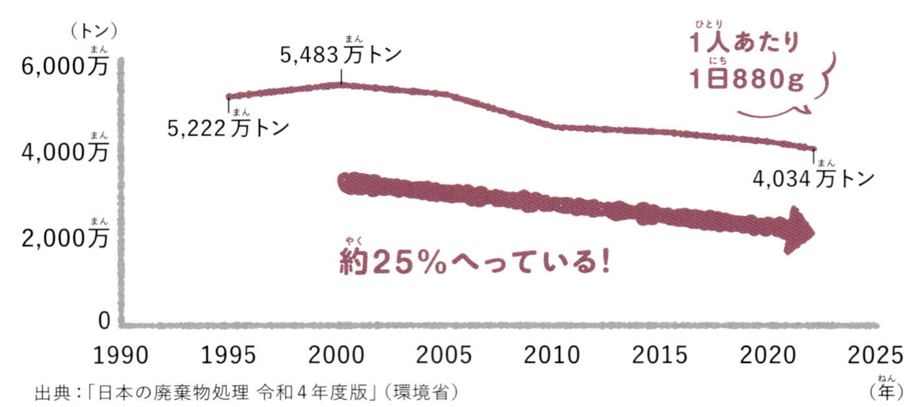

出典：「日本の廃棄物処理 令和４年度版」（環境省）

ごみ集積所に出されている大量のごみ（一般廃棄物）。

一般廃棄物はけっこう、へっているね。

日本のごみの量のほとんどをしめる産業廃棄物はどうなの？

産業廃棄物の量も、一般廃棄物と同じように2005年以降へってきているよ。環境問題に取り組む会社がふえて、産業廃棄物のリサイクルや再利用が進んだことが理由だよ。

● 産業廃棄物の排出量の変化

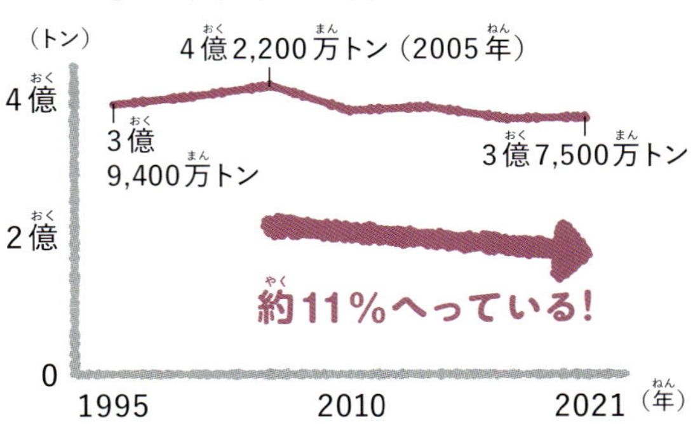

出典：「産業廃棄物の排出及び処理状況等（令和3年度実績）について」（環境省）

いまどうなっているの？④

プラスチックごみはどういうことが問題になっているの

いま、プラスチックごみが問題になっているけど、ほかのごみとは、どのようにちがうの？

プラスチックは、安くて、じょうぶで、加工しやすい便利な素材だ。容器などに多く使われているよ。でも、その便利なところが、ごみになるとやっかいなんだ。かんたんに手に入るから、だいじにされずに捨てられる。捨てられると、じょうぶだから、ずっと自然のなかにのこってしまうんだ。
プラスチックの生産がさかんになった1950年以降、いままでに83億トン以上のプラスチックが生産され、そのうち63億トンが捨てられたよ。世界のプラスチックごみの発生量は、2015年には年間で約3億トンにもなっているよ。

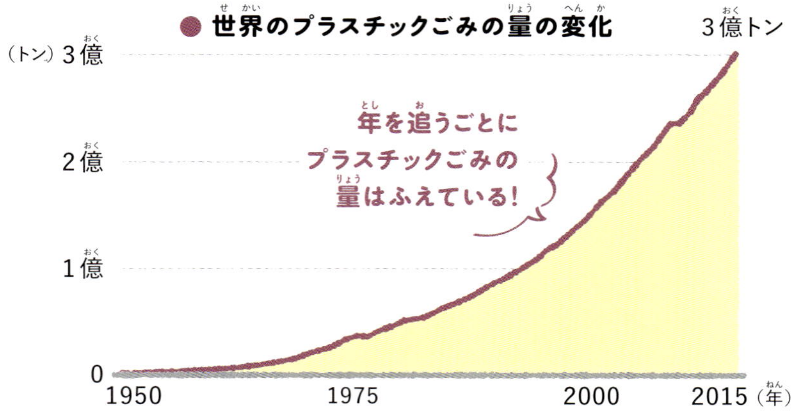

出典：「Production, use, and fate of all plastics ever made」（Roland Geyer , Jenna R. Jambeck, and Kara Lavender Law）

☞P.14

川や海に捨てられたプラスチックごみは、どうなるの？

町や、自然のなか、海岸に捨てられたプラスチックごみは、海に流れこむ。このごみは、海洋プラスチックごみとよばれ、問題になっているんだよ。海洋プラスチックごみは年間800万トンも出されていて、世界の海には1億500万トンの海洋プラスチックごみがあるといわれているんだ。海洋プラスチックごみは、海水の流れによって世界中に広がっていき、海の生きものに影響をあたえている。2050年には、海洋プラスチックごみの量が、海にいる魚の量を上まわるという予測もあるよ。

海岸にうちあげられたプラスチックごみ（福井県）。日本海沿いの海岸では中国や韓国から流れついたプラスチックごみも多い。

☞P.10

自然に分解されるプラスチック

ふつうのプラスチックは、時間がたっても分解されないため、自然のなかに捨てると環境汚染の原因になる。
生分解性プラスチックは、使ったあとは微生物によって分解されて水と二酸化炭素になるため、環境汚染につながりにくい。生分解性プラスチックは、石油由来のもののほか、トウモロコシやサトウキビなど植物由来のものがある。

画像提供：一般社団法人日本バイオプラスチック協会

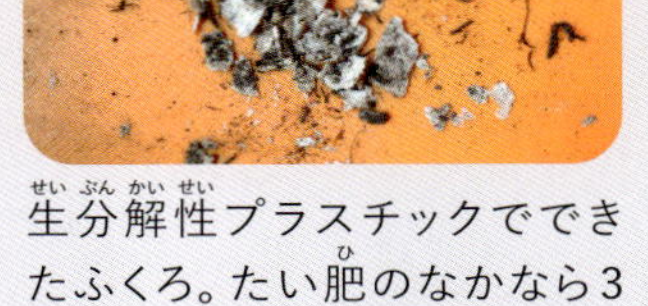

生分解性プラスチックでできたふくろ。たい肥のなかなら3か月ほどでボロボロになるくらいまで分解される。

海のなかのプラスチックごみが生きものにあたえる影響は？

海洋プラスチックごみが、海のなかの生きものにあたえる影響ってどんなものがあるの？

海洋プラスチックごみは、海面にういているものだけでなく、海のなかや、海底にもあるんだ。海のなかにただよっているポリぶくろなどはクラゲによくにているため、ウミガメやクジラなどが食べてしまうことがある。プラスチックは消化できないから、体のなかにつまってしまい、命を落とすこともあるんだ。また、漁網や釣り糸がウミガメや、アザラシ、海鳥などの体にからみついてしまう問題も起きている。

ポリぶくろがただよう海をおよぐウミガメ。

☞5巻

プラスチックの小さなつぶも問題になっているって聞いたよ。

プラスチックごみは、太陽の光をあびたり、波にもまれたりして、やがて5mm以下の小さなつぶになるんだ。これをマイクロプラスチックというよ。マイクロプラスチックは、小さな魚が食べて、その小さな魚を食べた大きな魚の体内にたまっていく。さらに、その大きな魚を食べた人間の健康にも被害が起こるんだ。実際に世界各地で、魚の体内からマイクロプラスチックがみつかっているんだよ。化粧品や歯みがき粉のなかにふくまれている小さなプラスチックのつぶも、海に流れこんで、マイクロプラスチックになっているんだよ。

太陽の光や、波の力によって、細かくくだけたプラスチック。

マイクロプラスチックの分布の予測。1.0 ～ 4.75mmのもの。

出典：「"Plastic Pollution in the World's Oceans: More than 5 Trillion Plastic Pieces Weighing over 250,000 Tons Afloat at Sea" PLoS One 9 (12), doi:10.1371/journal. pone.0111913」(Erikson (2014))

☞P.26

調べてみよう！ マイクロプラスチック 問題

ところで、世界のごみ問題はどうなっているの

日本で出されるごみの量はへってきているんだよね。世界のごみの量はどうなってるの？

世界では、家庭や会社、お店、学校などの公共施設から出るごみのことを都市ごみ（🔑）というよ。世界全体で都市ごみは、2016年には1年間に約20億トンも発生しているんだ。日本とはぎゃくに、どんどんふえつづけているよ。開発途上国を中心に世界の人口はふえているし、経済も発展している。これからも、ごみの量がふえつづけていき、2050年には1.7倍の約34億トンになると考えられているんだよ。

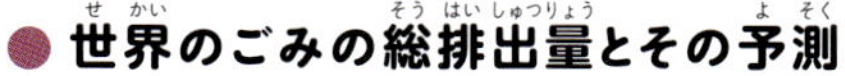

● 世界のごみの総排出量とその予測

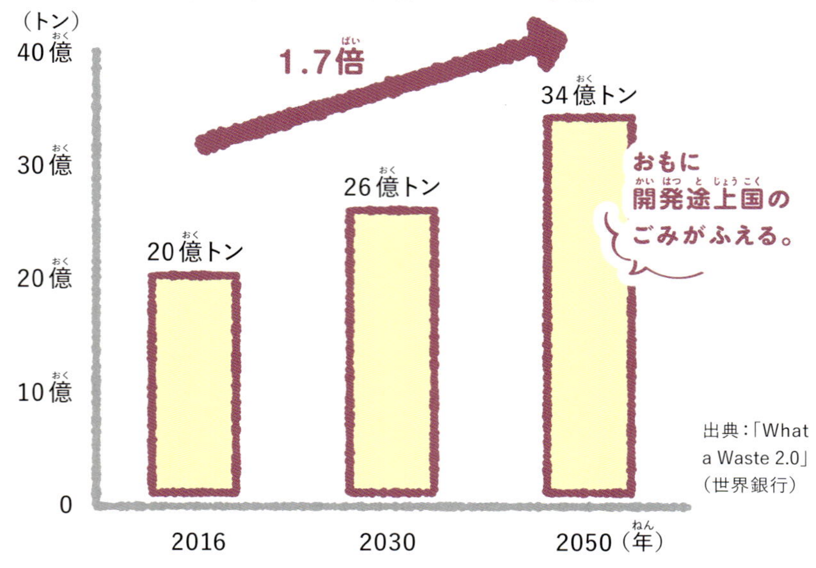

出典：「What a Waste 2.0」（世界銀行）

キーワード

都市ごみ

都市廃棄物、都市生活ごみともいう。家庭や会社の事務所、お店、レストラン、図書館や学校、病院などの公共施設から出る固形のごみをさす。

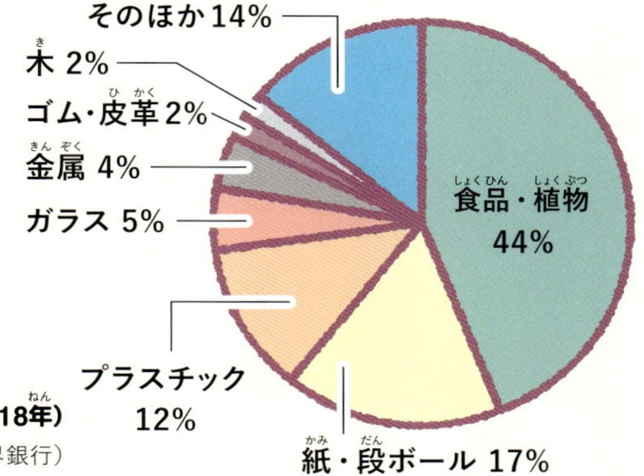

● 世界の都市ごみの内訳（2018年）

出典：「What a Waste 2.0」（世界銀行）

世界では、どういうごみ問題が起きているの？

日本で起こるごみ問題と同じだよ。ごみの量がふえすぎて、ちゃんと処理できないことや、有害物質が環境をよごしていることなどだ。そこらじゅうに捨てられていることも問題になっている。プラスチックが海に捨てられると、ほかの国にも影響があるんだ。

ケニアの首都ナイロビにあるごみ捨て場。今後、ごみの量は、経済が急速に発展している中国やインド、アフリカなどでふえることが予想されている。

なぜそうなっているの？①

ごみはどのように処理されているの？

ごみをちゃんと処理しないと、環境をよごしてしまう。では、ちゃんと処理するって、どういうことなのかみてみよう。

ごみは燃やして処理しているんだよね。どうして燃やすの？

ごみを処理する目的は、伝染病などの有害物質やにおいをなくすこと、量や体積をへらして、最後は安全な場所で処分することなんだ。そのようにして、人の体や環境を守るんだよ。その方法として、日本では、ごみは焼却処理、つまり燃やして処理することが一般的におこなわれているんだ。ごみを燃やす施設は、清掃工場とよばれることが多い。ごみを燃やすことで、有害な物質やにおいは分解され、ごみは灰になる。灰は、もとのごみとくらべると、重さで10分の1、体積で20分の1くらいになるよ。最後にのこった灰は最終処分場に埋め立てられるんだ。

☞P.6, P.20

収集車によってはこびこまれたごみは、清掃工場のなかにためられて、燃やされていく。

調べてみよう! 清掃工場　しくみ

どうして、ごみは分けて出さなくちゃいけないの？

ごみを種類別に分けて出すことを分別というよ。分別は、ごみをちゃんと処理するためにだいじなことなんだ。なぜかというと、まず、資源としてリサイクルできるごみを集めやすくするためだ。つぎに、燃えるごみと燃えないごみを分けて、処理をしやすくするためなんだ。分別しないで、全部まとめてごみを出すと、リサイクルできる資源ごみを燃やしてしまうことになるし、金属や危険物などの燃えないごみが、清掃工場の設備をいためることもある。きちんと分別すれば、そのごみの種類によって一番いい方法で処理できるようになるんだよ。

ごみの分別方法は、住んでいる地域の焼却設備の種類や、処理方法によってちがうんだ。

分別の例。分別を正しくおこなうことで、ごみを適切に処理できる。

同じプラスチックでも種類によって、より細かく分別する場合もある。

☞ P.16, P.18

なぜそうなっているの？②

集められた資源ごみはどうなるの

資源ごみってどういうものなの？

「捨てればごみ、分ければ資源」って聞いたことあるかな。資源ごみとは、家庭から出るごみで、もう一度使えるものや、資源としてリサイクルできるもののことだよ。新聞紙や、びん、缶、ペットボトルが代表的なものだ。資源ごみをしっかり集めて、くりかえし使ったり（リユース）、ふたたび資源にする（リサイクル）ことは、ごみをへらす（リデュース）ことにもつながる。日本のごみ処理方針の柱なんだ。だから、資源ごみを分別することは、とてもだいじなんだよ。

資源ごみとして街角に集められた段ボールや古新聞。

☞ P.28

資源ごみはどのように使われるの？

家庭から出た資源ごみは、燃えるごみなどと同じように、自治体が回収する。そのほか、スーパーマーケットや町内会、学校などで回収することもあるよ。集められた資源ごみは、リサイクルをする施設で分別されてから、びんや缶、ペットボトルなど、それぞれの原料をつくる工場に送られる。そして、また製品に生まれかわるんだ。

資源ごみの例

缶

ペットボトル

紙

びん

リサイクルするために、素材ごとに分けられて、つぶされたペットボトルと空き缶。

P.34

燃えないごみや粗大ごみはどう処理されているの？

燃えるごみは焼却炉で燃やしているんだよね。じゃあ、燃えないごみはどうしているの？

燃えないごみは、地域にもよるけど、かさやフライパンなどで、スプレー缶や電池などの危険なものは別の方法で集められるのが一般的だよ。集められた燃えないごみは、まず、機械で細かく切ったり、くだいたりする。そうして細かくなったものから、鉄やアルミなどの資源を回収して、リサイクル業者や専門の処理業者に引きわたされるよ。それでものこったもののうち、燃えるものは焼却炉で燃やし、燃えないものは埋め立てたりするんだ。

● **ごみの例**（地域によってことなる）

粗大ごみの出しかたは、ほかのごみとちがうよね。どのように処理されるの？

粗大ごみは、自転車や家具などをみてわかるように、大きくて、いろいろな材料からできている。だから、処理するのにも手間がかかるんだ。集められた粗大ごみは、まず、人の手で、機械で処理できるものと、できないものに分けるんだよ。機械で処理できるものは、機械によってつぶしたり、くだいたりする。そうして細かくなったものから、鉄などの資源を回収して、リサイクル業者や専門の処理業者に引きわたされるよ。それでものこったもののうち、燃えるものは焼却炉で燃やして、燃えないものは埋め立てたりすることになるんだよ。

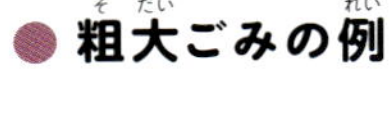

粗大ごみの例

回収された粗大ごみ（上）は、破砕機にかけられて細かくくだかれる（右）。

画像提供：東京二十三区清掃一部事務組合

なぜそうなっているの？④

ごみは、最後にはどこに行くの？

ごみを燃やしたあとにのこったものはどうなるの？

ごみを燃やしたあとには、灰や燃えがら（燃えなかったもの）がのこる。こうしたものは最終処分場という施設に埋め立てられるよ。でも、ただ埋め立てればいいわけじゃないんだ。灰や燃えがらには、有害な物質がふくまれていることもあるし、ガスが発生することもある。最終処分場の多くでは、埋め立てたものに土をかぶせたり（覆土）、よごれた水がしみ出さないようにしたり（遮水）、ガスを外部に出したり（ガスぬき）、排水を集めて処理したりして、管理しているよ。

● 最終処分場のしくみ

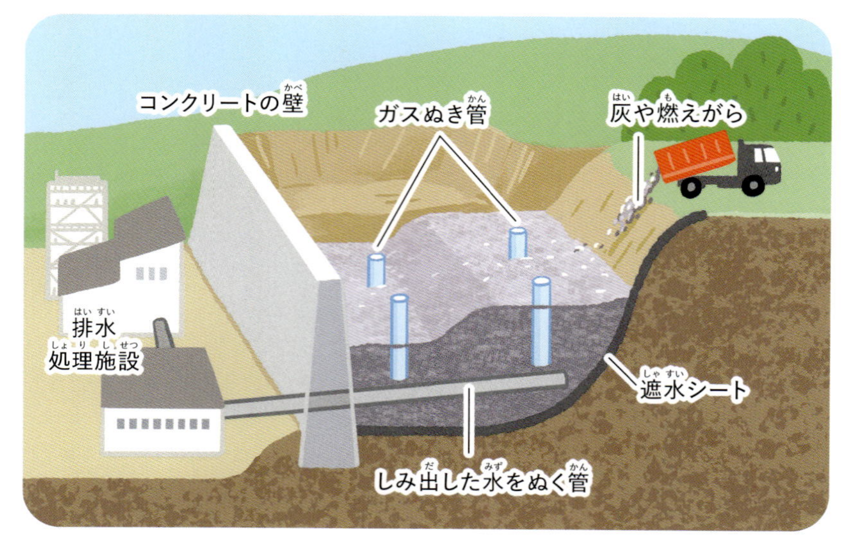

東京湾にある最終処分場。清掃工場から出た灰や廃棄物で海を埋め立てている。

山口県の山間部にある最終処分場。最終処分場は人の住む地域からはなれた場所につくることが多い。

最終処分場がいっぱいになることはないの?

そうなんだ。じつは、最終処分場に埋め立てられるのこりのスペースが少なくなっていることが問題になっているんだ。2022年度末の時点で、一般廃棄物の最終処分場はあと約23年でいっぱいになると予測されているんだよ。最終処分場は、まわりの環境に悪い影響をあたえる可能性があり、住民の反対があって、新しくつくるのがむずかしいんだ。

いまどうなっているの？⑤

ごみ問題は昔からあったの

昔は、ものをだいじにしていたけど、やっぱりごみは出ていたんでしょ？　昔は、どんなごみ問題があったの？

明治時代、便や生ごみなどがちゃんと処理されていなかったことが原因で、コレラという病気が流行したんだ。そのため、政府は、汚物やごみを燃やして処理するようにしたんだよ。でも、当時は、広場などにごみを集めて燃やしていたから、煙やにおいが問題になった。やがて、ごみの焼却場ができたんだけど、今度は、焼却場からのばい煙（🔑）による大気汚染が起きたんだ。昭和時代の1955年ごろから、経済が発展して、ごみの量がふえてきた。すると、燃やして処理することが追いつかなくなり、ごみをそのまま埋め立てることが多くなった。埋め立て地の近くでは、ハエが大量に発生して、大きな問題になったんだよ。

1973年ごろの新夢の島（東京湾）。当時、東京都の燃やしきれないごみはそのまま埋め立てられていた。

キーワード **ばい煙**

ごみなどを燃やしたときに出る、硫黄酸化物という物質やばいじん（すす）、そのほかの有害物質をふくむ煙のこと。1968年に施行された大気汚染防止法という法律で、排出がきびしく制限されている。

積み上げたごみをそのまま燃やしているインドの処分場。

ごみの問題って、時代とともにかわってきたんだね。

ごみを処理する目的は、伝染病のもとをなくすこと、においをなくすこと、量やかさをへらして、最後は安全な場所で処分することなんだ。これは昔から、かわってないよ。

でも、人々の生活がかわると、ごみの量がふえたり、ごみのなかみがかわったりして、新しいごみ問題が生まれてくる。たとえば、プラスチックごみは、土にかえらないので埋め立てもできないし、燃やすと高熱を発したり、有害な物質が出たりするので、燃やす技術をかえなければならなかったんだ。燃やしたあとの灰などを埋め立てる最終処分場が不足していることも、大きな問題なんだよ。

● **現在のごみについての問題**

不法投棄やポイ捨て

プラスチックごみの増加

最終処分場の不足

☞P.4, P.8, P.21

なぜそうなっているの？⑥

産業廃棄物はどのように処理されているの

日本で出されるごみの約90%が、会社の工場や農業などで出る産業廃棄物なんだよね。産業廃棄物ってどんなものがあって、どのように処理されているの？

産業廃棄物で、もっとも多いのは汚泥（どろのようなもの）で、40%以上をしめている。また、畜産業で出る動物のふん尿も多く、全体の20%以上をしめているんだ。また、建物を解体したときなどに出るコンクリートや金属などのがれき類もあるよ。産業廃棄物の処理方法は、その種類によって、燃やしたり、リサイクルしたり、最終処分場で埋め立てたりといろいろだ。いずれにしても、産業廃棄物は、出した人（事業者）が処理することになっているよ。

産業廃棄物の例

汚泥　廃油　がれき類　金属くず

金属くず

がれき類

大量の産業廃棄物が出るビルの解体工事。鉄骨などの金属くずや、コンクリートなどのがれき類は、材質ごとにそれぞれまとめられて処理される。

産業廃棄物をかってに捨てる不法投棄が問題になっているって聞いたよ。

これまで日本では、瀬戸内海にある豊島や、青森県と岩手県をまたがる場所で、大量の産業廃棄物の不法投棄が大きな問題になったんだよ。産業廃棄物は量が多くて、処理方法がむずかしいものが多い。いらなくなったごみの処理にお金をかけたくないから、こっそり山のなかに捨てたり、いいかげんな処理をする安い処理業者にまかせたりする事業者もいるんだ。いまでも、産業廃棄物の不法投棄は全国で起こっているよ。

山の中に不法投棄されている水道管。

調べてみよう! **産業廃棄物 不法投棄 量**

なぜそうなっているの？⑦

世界で、ごみはどのように処理されているの

どこの国でも日本みたいな処理をしているの？

ごみの処理や管理の方法は、国によってことなっているよ。割合でみると、世界では「埋め立て」がもっとも多く、全体の3分の1以上をしめているよ。また、同じくらい多いのが、集めたごみをそのまま屋外に山積みにする、「オープンダンプ方式」なんだ。日本で主流の「焼却処理」は約10％で、そのほかは、「リサイクル」や「コンポスト（たい肥、肥料にする）」などの方法で処理されている。ごみが資源としてうまく活用されているレベルを4つの段階でしめすと、下の図のようになるんだ。

● ごみの管理の4つレベル

日本はレベル3からレベル4に移りつつある。

レベル1　公衆衛生
ごみが回収されている。

レベル2　環境保全
回収されたごみが適切に埋め立て処分されている。

レベル3　ごみの削減と3R
ごみが資源化されたり、焼却されたりして、埋め立てる量をへらしている。

レベル4　循環型社会
資源が捨てられることなく循環され、持続可能な社会のしくみができている。

資料：2011年廃棄物管理国際会議の発表をもとに作成。

☞P.34、P.37

オープンダンプ方式って、ごみをそのまま捨ててるってことでしょ。だいじょうぶなの？

オープンダンプ方式は、発展途上国で多くおこなわれている。やっぱり、においや、病気の流行、流れ出した有害物質による環境汚染が問題になっているよ。また、ごみが自然に燃えて、火災が発生することもあるんだ。これから、人口がふえて、ごみの量もふえてくる。地球全体の環境を考えると、ごみは大きな問題なんだ。

ごみを集めて売る人々

そのまま捨てられたごみのなかには、金属などの資源がふくまれている。発展途上国には、オープンダンプの処分場でこれらのごみをひろって、生活費をかせいでいる人たちがたくさんいる。このような貧しい状況にある人たちは、世界で約1,500万人いるといわれている。

オープンダンプの処分場（フィリピン）。子どもをふくむたくさんの人々が、お金になるごみをひろっている。

これからどうすればいいの？①

ごみ問題には、どういう考えで取り組めばいいの？

ごみをちゃんと処理するには、いろいろとむずかしいことがあるね。じゃあ、ここからは、ごみ問題に、どのように取り組めばいいのか考えてみよう。

ごみはいらないものだから出てしまうし、出したら環境をよごしてしまう。いったい、どういう考えで、取り組めばいいの？

ここで、おさらいするよ。地球の資源はかぎられている。日本は大量生産・大量消費をつづけて、大量のごみを捨ててきた。プラスチックごみがふえたりして、ごみをちゃんと処理するのがむずかしくなり、環境にも悪い影響をあたえている、ということなんだ。

いま、日本は「循環型社会」をつくろうとしているんだ。資源をだいじにして、ごみを出ないようにする。そうすれば、ごみの処理量もへって、環境への影響もおさえられる。その柱となるのが、リデュース（Reduce）、リユース（Reuse）、リサイクル（Recycle）の「３Ｒ」だよ。

基本となる3つのR

リデュース
へらす

ごみの量をへらすこと。食べのこしをなくすこともふくむ。リサイクルやリユースも、リデュースにつながる。

リユース
また使う

ものをくり返し使うこと。ほかの人が着た服をもらったり、中古の商品を買ったりすることなどがある。

リサイクル
資源にする

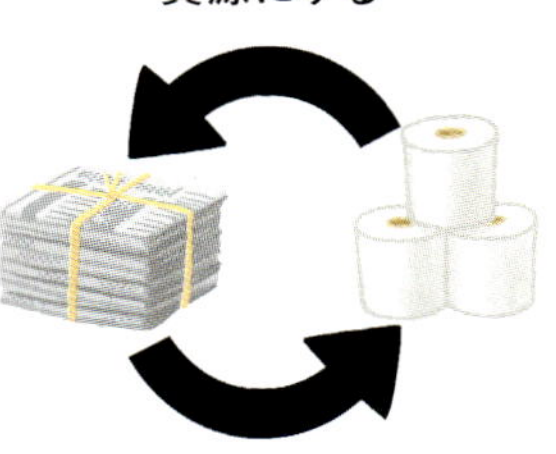

ごみを資源にもどして再生し利用すること。古紙からトイレットペーパーをつくることなどがある。

だいじな順番

順番	内容	
1番	ごみの発生をおさえる	…リデュース
2番	ものを再使用する	…リユース
3番	ごみを再資源化して、利用する	…リサイクル
4番	ごみをエネルギーとして使う	…リサイクル
5番	ごみをちゃんと正しく処分する	

何よりも「ごみをへらすこと」がだいじ。「できるかぎりごみをへらす。まだ使えるものは使って、使えないものはリサイクルに出す。それができなければ、燃やしてエネルギーにする」ということ。

☞P.30,P.32,P.34

ごみをへらす（リデュース）には、どうすればいいの？

わたしの家では、これまではボトルに入ったシャンプーを買っていたけど、最近はつめかえ用のパックを使っているよ。これって、ごみをへらしていることになるよね？

むだな容器を使わないのは、りっぱなリデュースだよ。ごみをへらすということは、いらなくなり捨ててしまうものをへらすということだ。だから、使うものをえらぶときに、ほんとうに必要なものなのかどうか考えることがだいじだよ。シャンプーは、毎回ボトル入りを買わなくても、つめかえ用パックでじゅうぶんだよね。そうすれば、ボトルを捨てなくてすむ。レジぶくろも、マイバッグがあればいらないし、使い捨てされるわりばしやプラスチックのスプーンなども、もらわないですませることもできるよね。複数の人で1台の自動車を使ったりするシェアリングシステム（）や、ものを買わないでレンタルを利用することも、リデュースにつながるよ。

● わたしたちにできるリデュース

つめかえ容器を使う。

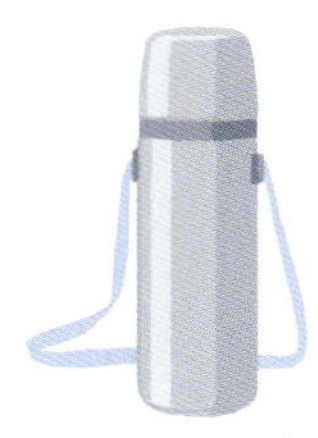

マイボトル（水筒）を使う。

ばら売りを買う。

キーワード **シェアリングシステム**

ごみとして捨てることを考えると、あまり使わないものは自分用に買わなくてもいいのでは、という考え方が広まっている。シェアリングとは、複数の人で1つのものを所有するということ。自動車のカーシェアや、自転車のシェアサイクルなどがその例だ。

つくる人や、売る人は、どうしているの？

ものを買って、使う人だけでなく、ものをつくる会社（メーカー）や、それを売るお店も、ごみをへらすリデュースに取り組んでいるよ。メーカーは、商品に使う原料の量をへらしたり、リサイクルしやすいようにしたり、商品が長持ちするようにしている。たとえば、飲みものの容器をストローを使わないで飲めるようにするといったくふうもしているよ。また、スーパーマーケットなどでは、肉などを量り売りしたり、商品の売れ方を管理して、売れのこりが出ないようにしたり、消費期限が近い食品を安く売ったりして、食品ロスをへらすようにしているよ。

● 企業のリデュースの例

肉をふくろづめにしたノントレー商品。プラスチックのトレーを使わないことで、プラスチックごみをへらすのに役立っている。

画像提供：サミット株式会社

☞1巻

これからどうすればいいの？③

もう一度使う（リユース）には、どうういう方法があるの？

いま着ている服は、お兄ちゃんのお下がりなんだよね。

わたしも自分が着ていた服を、年下のいとこにあげたよ。これってリユースになるんじゃない？

からだが大きくなって着ることができなくなった服を、体の小さな子にあげる「お下がり」は、昔からおこなわれているリユースだね。リユースとは、ものを捨てないで、もう一度使うということ。つまり、ものの価値を考えて、だいじにするということなんだ。個人でも、使わなくなったものを、フリーマーケットやリサイクルショップで売ったり買ったりできるよ。いまでは、フリマアプリを使って、オンラインでも取引されているね。

● わたしたちにできるリユース

フリーマーケットでものを買う。

リサイクルショップを利用する。

フリマアプリを使う。

たくさんの空きびんをのせたトラックをみたことがあるよ。飲みおわったびんもリユースされるの?

そうなんだ。家庭から出る牛乳びんや、お店から出るビールびんなどは、リターナブルびんといって、その飲みものをつくったメーカーにもどされて、洗ったあとに、また中身を入れて出荷される。まさにリユースだね。びんには、リターナブルびんのようにリユースされる(使いおわったままの形で再使用される)ものと、資源ごみとして回収されて、リサイクルされる(一度くだいたりして、資源にもどしてから、びんにつくりかえる)ものがあるんだ。

リターナブルびんの例。ビールびんや牛乳びんのほか、日本酒の一升びんなどがある。

もっと知りたい!

デポジット制度

デポジット制度とは、使いおわったびんや缶などの容器を返すと、その容器代がもどってくるしくみ。なるべくたくさん容器を回収して、リユースできるようにしている。容器代は、あらかじめ商品の代金に上乗せされている。日本では、リターナブルびんを回収することが多いが、ヨーロッパなどでは缶やペットボトルも対象になっている。

ドイツのスーパーマーケットにあるびんや缶の回収装置。びんや缶を入れると現金や割引券がもらえる。

調べてみよう! デポジット制度

リサイクルって、どのようにおこなわれてるの？

資源をだいじにって、よくいわれるけど、リサイクルってどういうことをしているの？

リサイクルは、再資源化や再生利用といわれ、使いおわったものを、一度、資源にもどして、ふたたび製品につくりかえることなんだ。リデュースしても、いらないものは出てしまうし、リユースできないものもある。ごみとして処理する前に、資源として使えるものは、リサイクルして、もう一度利用しようということなんだ。みんなにできることは、リサイクルをしやすくするために、ごみをしっかりと分別することだね。リサイクル製品をえらんで使うこともだいじだよ。家電製品や自動車などのメーカーも、使いおわった製品のリサイクルに取り組んでいるよ。

● リサイクルによってつくり直されるもの

リサイクルには、どういう方法があるの？

リサイクルには、大きく2つの方法があるんだ。ひとつは、使いおわったものを、材料や原料として使えるようにして、それをもとに、もう一度製品につくりかえること。これをマテリアルリサイクルというんだ。資源ごみとして出される古新聞や缶、びん、ペットボトルなどは、ほとんどマテリアルリサイクルされるよ。2020年東京オリンピックのメダルは、使いおわった家電製品のなかの金属でつくられたんだ。

もうひとつは、使いおわったものを燃やして、その熱をエネルギーとして利用する方法。これをサーマルリサイクルというんだ。熱を利用して電気をつくったり、暖房や温水プールに使ったりしている例があるよ。

清掃工場のそばにつくられた温水プール（東京都）。ごみを燃やして出た熱を、暖房や温水プールの水をあたためるのに利用している。

ごみゼロ宣言のまち 上勝町

徳島県上勝町では、2003年に「ゼロ・ウェイスト宣言」を出し、ごみを出さない町をめざす取り組みをはじめた。町では、住民が自分たちでごみをゼロ・ウェイストセンターに持ちこみ、細かく分別する。分別されたごみは、素材別にリサイクルされるほか、まだ使えるものは住民が再使用（リユース）する。また、生ごみは住民が自宅でたい肥づくりに利用している。これらの取り組みにより、上勝町は80％という高いリサイクル率を実現した。

上勝町のゼロ・ウェイストセンター。上勝町で分別するごみは43種類におよぶ。

画像提供：上勝町

これからどうすればいいの？⑤

ごみ問題を解決するため、ほかにできることはあるの？

3Rのほかにも、わたしたちができる取り組みがあるの？

最近は、３つのRに、ふたつのR（リフューズ、リペア）を加えた「５R」という考え方が広まっているよ。リフューズとは「ことわる」こと。お店でレジぶくろを「いりません」とことわったり、必要のない包装をはぶいてもらうことなどだよ。リペアは「修理する」こと。服のお直しや、おもちゃや家電製品を修理して、長く使うことだ。
そのほかに、「アップサイクル」というのもあるよ。段ボールでさいふをつくったり、おかしのふくろで小さなバッグやペンケースをつくるんだ。いらないものを自分のくふうで、新しい価値のあるものにつくりかえる楽しい方法だよ。

● リフューズとリペアの例

買い物でレジぶくろをことわる。

ぬいぐるみを修理する。

● アップサイクルの例

段ボールでつくったさいふ。

画像協力：島津冬樹

循環型社会をめざすって、どういうことなの？

ごみは環境を破壊して、人間や多くの生きものに悪い影響をあたえる。地球の資源もかぎられている。だから、よけいなごみが出ないようにして、必要なものが、必要な量だけ、うまく世のなかをまわるようにしようというのが、循環型社会の考えなんだ。人のくらしがゆたかになることはいいことだ。でも、ものが捨てられて、ごみになって、どうなるかを、いつも考えないといけないね。

● 循環型社会のしくみ

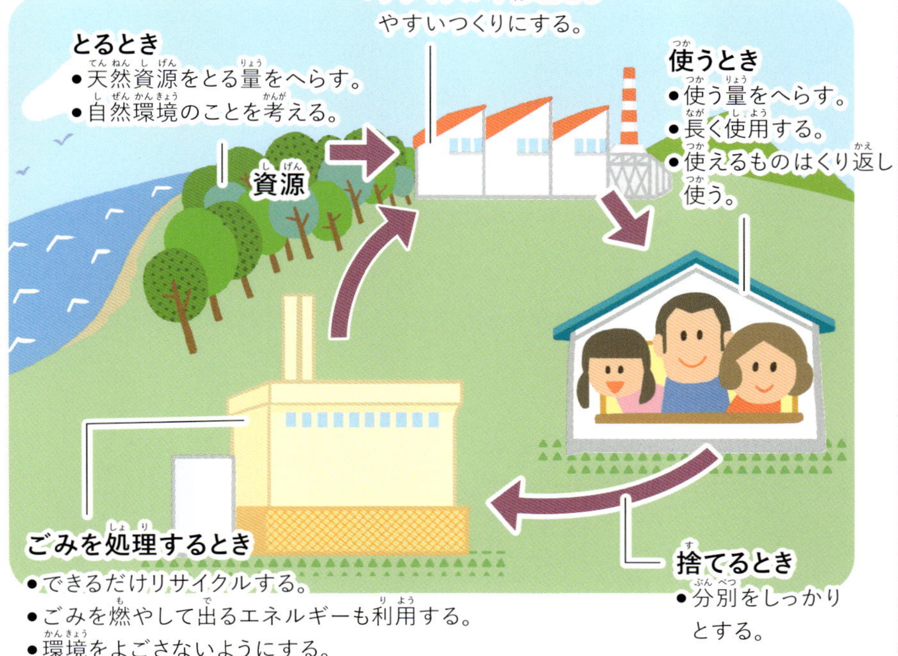

調べてみよう！ 循環型社会 

あとがき

ごみには家庭から出るごみ、産業活動から出るごみをふくめ、いろいろな種類があります。世界中でその量がふえ、適切な処理ができず、環境や人の健康にも悪影響が出る例もあります。最近ではプラスチックごみが注目されています。とくにプラスチックが海に運ばれ小さな粒子（マイクロプラスチック）となって海の生きものなどに悪影響をあたえることが心配されています。では、ごみ問題に取り組むにはどんな方法があるでしょうか。この本で紹介しているように、ごみの発生をおさえてへらす（リデュース）、次に再利用する（リユース）、さらには再生利用する（リサイクル）の３Ｒを、念頭に置いてわたしたちの生活を見直してみましょう。

京都大学名誉教授 **松下和夫**

ごみ問題 さくいん

●装丁・デザイン
株式会社東京100ミリバールスタジオ

●イラスト
さはら そのこ
上田 英津子

●執筆協力
山内 ススム

●編集制作
株式会社KANADEL

●写真協力
一般社団法人日本バイオプラスチック協会（P.9）
東京二十三区清掃一部事務組合（P.19）
サミット株式会社（P.31）
上勝町（P.35）
島津 冬樹（P.36）

監修 松下 和夫

京都大学名誉教授。（公財）地球環境戦略研究機関（IGES）シニアフェロー。環境庁（省）、OECD 環境局、国連地球サミット上級環境計画官、京都大学大学院地球環境学堂教授（地球環境政策論）などを歴任。地球環境政策の立案・研究に先駆的に関与し、気候変動政策・SDGsなどに関し積極的に提言。持続可能な発展論、環境ガバナンス論、気候変動政策・生物多様性政策・地域環境政策などを研究している。主な著書に「1.5℃の気候危機」（2022年、文化科学高等研究院出版局）、「環境政策学のすすめ」（2007年、丸善株式会社）、「環境ガバナンス」（2002年、岩波書店）などがある。

おもな出典

「産業廃棄物排出・処理状況調査報告書令和4 年度速報値」環境省、「一般廃棄物の排出及び処理状況等（令和4年度）について」環境省、「産業廃棄物の排出及び処理状況等（令和３年度実績）について」環境省、「日本の廃棄物処理 令和4 年度版」環境省、「令和6年版 環境・循環型社会・生物多様性白書」環境省、「”Plastic Pollution in the World's Oceans: More than 5 Trillion Plastic Pieces Weighing over 250,000 Tons Afloat at Sea”PLoS One 9（12）, doi:10.1371/journal. pone.0111913」Erikson（2014）、「What a Waste 2.0」世界銀行など

いちからわかる環境問題④ ごみ問題

2025年3月　第1刷発行

監　　修　松下 和夫
発 行 者　佐藤 洋司
発 行 所　さ・え・ら書房
〒162-0842　東京都新宿区市谷砂土原町3−1
TEL 03-3268-4261　FAX 03-3268-4262
https://www.saela.co.jp/
印 刷 所　光陽メディア
製 本 所　東京美術紙工

ISBN978-4-378-02544-5　NDC519
Printed in Japan